JN074578

動物はわたしたちの大切なパートナー

1

命に責任をもつ

—ペットの命を考える—

監修
広島大学大学院統合生命科学研究科教授
谷田 創

WAVE出版

この本を手に取られたみなさんのなかには、すでに家でペットを飼っている人、これからペットを飼おうと考えている人、ペットのことをもっと知りたい人、動物が好きな人などがおられると思いますが、この本をとおしてさらにペットのことについてくわしくなっていただきたいです。

わたしは小さいころから生き物が好きで、いつもいろんな生き物にかこまれてすごしてきました。幼稚園時代は自然豊かな環境でくらしていましたので、バッタやカブトムシ、トンボなどの虫とりに熱中しました。家の近くの小川や池、湖では、メダカやフナ、コイ、ドジョウ、ザリガニなどをつかまえて家の水そうで飼育していました。また、トカゲやカエル、カメなどを家につれて帰り、飼育していたこともあります。今から考えるとこれらの生き物がわたしのペットであり、友だちであり、先生でした。

わたしが子どものころは小鳥や金魚を売っている小さなお店はありましたが、今のような大きなペットショップはどこにもありませんでした。友だちのペットも、鳥や金魚、カメが多く、犬やネコを飼っている人は少なかったように思います。小学生になると、犬と

ネコを飼うようになりましたが、いずれも家の近くでわたしが拾ってきた年齢もわからない雑種でした。そのころのわたしにはペットを買うという意識はありませんでした。ところが今ではどこにでもペットショップがあり、いろんな種類の犬やネコ、めずらしい魚や昆虫、ほ乳類、は虫類、両生類などに出会える、まさに動物園のようなお店まであります。また近ごろは大型量販店の中にもペットショップがあり、買い物のついでに気軽に生き物を買って帰ることもできるようになりました。

しかしペットはそもそもおもちゃや人形とはちがい、命があります。またペットの多くは人間のようにいたみや苦しみを感じる生き物たちです。最近ではペットとの関係もさまがわりし、ただかわいがるだけの存在から、コンパニオン・アニマルとして心を通い合わせる家族や友だちのような位置づけとなりました。そこでみなさんには、生き物を飼うことの意味や責任について、ここでもう一度考えてほしいと思います。

監修
広島大学大学院統合生命科学研究科教授
谷田 創

もくじ

1 人と同じ命をもつペット

2 ペットをむかえる

3 ペットの命に責任をもつ

この本の使いかた

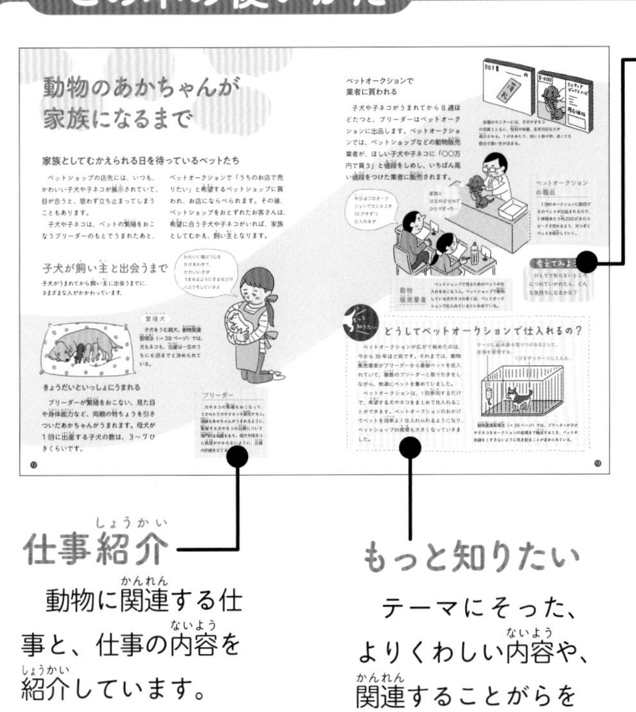

考えてみよう
それぞれのページのテーマを読み終えたら、自分はどう思うか考えてみましょう。まわりの人の考えも聞いてみましょう。

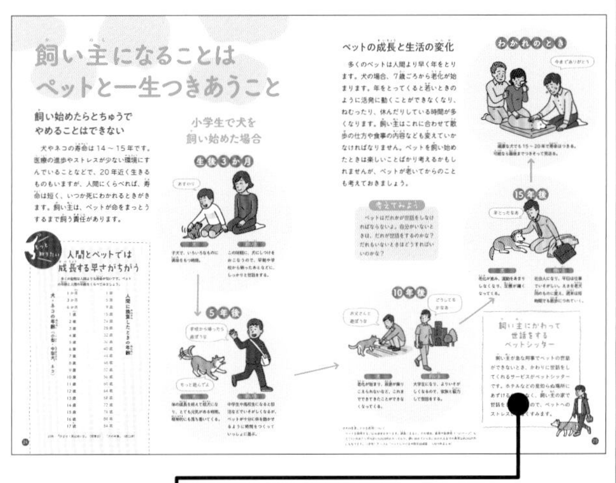

仕事紹介
動物に関連する仕事と、仕事の内容を紹介しています。

もっと知りたい
テーマにそった、よりくわしい内容や、関連することがらを解説します。

ミニコラム
テーマに関連した豆知識や情報を紹介します。

ペットショップには
かわいい動物のあかちゃんがいっぱい！

ずっと気になっていた
近所のペットショップ
やっぱり動物は
かわいいな

お父さんお母さん、
ネコのあかちゃん！
小さくてすごく
かわいいよ
てのひらに
おさまりそうな
くらい小さいわね

ハルト、むこうには
子犬や子ネコ以外の
ペットもいるみたい
だよ
小動物コーナー➡
え！ 見てみたい！

わあ！ ハムスターや
小鳥もかわいい！！
インコ
ハムスター
カメ
イグアナ
ペットショップって、
いろんな種類の動物が
いるんだなあ

なにか気になる
動物はいましたか？
こんにちは！
こんにちは～！

トイ・プードル
¥500,000-
どの動物もかわいいけれど、
あの子犬がいちばん
かわいいと思いました！

あの犬は「トイ・プードル」
という種類で、最近
とても人気なんですよ
そうなん
ですね
トイ・プードル
¥500,000-
かわいい
トイ・プードルだ！

あれ？

この子も「トイ・プードル」って
書いてある。同じ種類なのに
ずいぶん大きいなあ
小動物コーナー
ぽつん…
トイ・プードル
¥200,000-

値段もぜんぜんちがう…。
ショーケースにいる犬たちと
くらべてすごく安い
同じトイ・プードルなのに
どうして体の大きさが
ちがうんですか？

この子が
気になりますか？
はい

この子は生後３か月以上たっているから、体も大きくなっているんですよ
大きいトイ・プードルのほうが安いのはどうしてですか？

大きくなると人気がなくなってしまって、なかなか売れないんです

新しい小さい動物がどんどんやってくるペットショップでは、
売れのこりの動物は安くして、飼い主を待っているんですよ
入荷
1か月
2か月
そうなんだ…

よかったらだっこしてみますか？
いいんですか？

わあ！あたたかい
生きているんだもんなあ
ワン！
ハルト！
こんなところにいたのね！

どうしたの？複雑な顔をして
小さい犬も、成長して大きくなった犬も同じ命なのに、売れないからって、ものみたいにかんたんに値段を変えていいのかな
ぎゅ…

命の重みを考えよう

動物も、人と同じ命をもった生き物です。
命を売ったり買ったりすることについて、
どのように考えているのでしょう。
みんなの考えを聞いてみましょう。

人も犬も同じ命なのに…。
少し大きくなった犬は人気がなくなって、
値段も安くなるなんておかしいよ

犬を家族として家にむかえたら、
責任をもって育てなければいけないね。
とちゅうで投げ出すことは
できないんだよ

どの子の命も大切だけど、
ペットショップで飼い続けることは
できないので、売れのこったら値段を
安くせざるを得ないの。
せめて早く新しい飼い主さんと
出会えるといいな

トイ・プードルは、小さいほうが
かわいいよね！
大きくなったのは
トイ・プードルっぽくないから、
安くてもいらないなあ

考えてみよう

みんなの考えを聞いて、どう思ったかな？　友だちやおうちの人の意見も聞いてみよう。

1 人と同じ命をもつペット
ペットとの出会い

いやしをあたえてくれるペットとの出会い

目が合うとしっぽをふる犬や、すばやく軽やかにジャンプするネコ。そんな動物たちのすがたに、わたしたちは思わずひきつけられます。

最近では、ペットを飼う人が増えてきています。ことばを話さないペットの、かわいい表情やしぐさは、飼い主にいやしや安心感をもたらしてくれます。長い時間をいっしょにすごすなかで、信頼関係がうまれます。

そんなペットと飼い主の出会いは、「お店や人から買った」「保護された動物の里親になった（→41ページ）」「知り合いにたのまれた」「拾った」などさまざまです。

柴犬を飼いたいと思って
インターネットで
さがしていたら、
かわいい子を見つけたよ
柴犬
見学希望
¥250,000

ペットショップに
いたウサギに
ひとめぼれしたよ
¥40,000

保護犬の飼い主をさがす
イベントで出会ったとき、
ぼくの目をじっと
見つめてきたんだ
保護犬・ネコたちの里親を募集しています

海外に引っこすことに
なったので、
かわりに育てて
もらえないかしら…
ペットを飼い続けられない
親せきのかわりに飼うことに
なったよ。今日から
きみは、うちの子だよ

この子、ぬいぐるみ
みたいにかわいいから
飼いたい！
トイプードル
¥429,800

考えてみよう

ペットはぬいぐるみのようにかわいいけれど、ぬいぐるみではないよ。飼ったあと、どんなことをしてあげないといけないかな？

ペットをむかえることは 選んだ命を最後まで育てること

ペットショップやインターネットで売られているペットには、値段がついています。この値段には、えさ代や、繁殖（子孫を増やすこと）をおこなうためにかかった費用がふくまれています。

しかし、ペットの値段は、これだけで決まるわけではありません。人気のあるペットが高い値段で売られているいっぽうで、売れないペットが値下げされることもあります。ペットも人と同じように命ある生き物ですが、そこでは「商品」としてあつかわれているという現実があります。

ペットを買うことは、「命を選んで買っている」と考えることもできます。小さくてかわいいペットを見ると、思わず「わたしもペットがほしい」という衝動にかられるかもしれません。そのとき、「ペットをむかえたら、選んだ命を最後まで育てる責任がある」ということを、わすれてはいけません。

この子は
人気の犬種
だから
高く売ろう
この子は
売れのこり
だから
値下げしよう

考えてみよう

命の重みに差はあるのかな？ 品種によって値段が変わってもいいの？ 値下げされた犬の命は軽くて、高く売れた犬の命は重いのかな？

動物のあかちゃんが家族になるまで

家族としてむかえられる日を待っているペットたち

ペットショップの店先には、いつも、かわいい子犬や子ネコが展示されていて、目が合うと、思わず立ち止まってしまうこともあります。

子犬や子ネコは、ペットの繁殖をおこなうブリーダーのもとでうまれたあと、ペットオークションで「うちのお店で売りたい」と希望するペットショップに買われ、お店にならべられます。その後、ペットショップをおとずれたお客さんは、希望に合う子犬や子ネコがいれば、家族としてむかえ、飼い主となります。

子犬が飼い主と出会うまで

子犬がうまれてから飼い主に出会うまでに、さまざまな人がかかわっています。

かわいい親どうしを
かけあわせて、
かわいい子が
うまれるようにするなどの
くふうもしているよ

繁殖犬

子犬をうむ親犬。動物愛護管理法（→ 38 ページ）では、犬もネコも、出産は一生のうちに６回までと決められている。

きょうだいといっしょにうまれる

ブリーダーが繁殖をおこない、見た目や身体能力など、両親の特ちょうを引きついだあかちゃんがうまれます。母犬が１回に出産する子犬の数は、３～７ひきくらいです。

ブリーダー

犬やネコの繁殖をおこなって、うまれた子犬や子ネコを販売する人。健康なあかちゃんがうまれるように、繁殖する犬やネコの品種について専門的な知識をもち、母犬や母ネコに負担がかからないように、出産の計画を立てる。

ペットオークションで業者に買われる

子犬や子ネコがうまれてから８週ほどたつと、ブリーダーはペットオークションに出品します。ペットオークションでは、ペットショップなどの動物販売業者が、ほしい子犬や子ネコに「〇〇万円で買う」と値段をしめし、いちばん高い値段をつけた業者に販売されます。

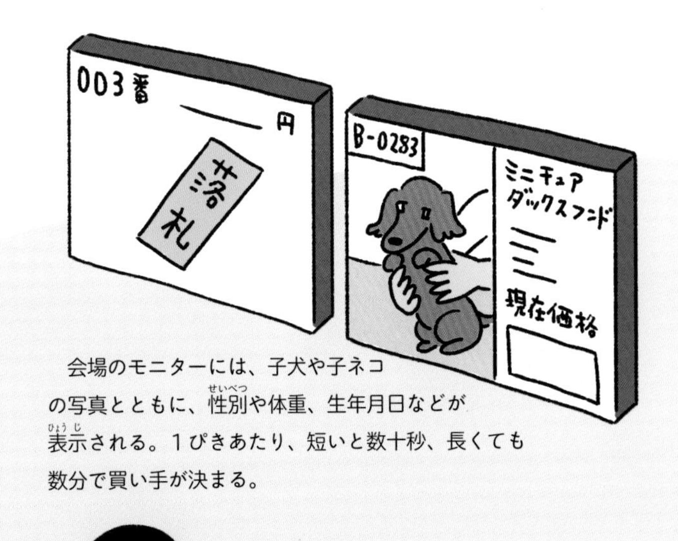

会場のモニターには、子犬や子ネコの写真とともに、性別や体重、生年月日などが表示される。１ぴきあたり、短いと数十秒、長くても数分で買い手が決まる。

家族とはなればなれでひとりぼっち…

今日はこのオークションで犬とネコを10ぴきずつ仕入れるぞ

ペットオークションの職員

１回のオークションに数百ぴきのペットが出品されるので、１時間あたり約200ぴきのスピードで売れるよう、次つぎとペットを紹介していく。

動物販売業者

ペットショップで売るためのペットの仕入れをおこなう人。ペットショップで販売している犬やネコの多くは、ペットオークションで仕入れているといわれている。

考えてみよう

ひとりで知らないところにつれていかれたら、どんな気持ちになるかな？

どうしてペットオークションで仕入れるの？

ペットオークションが広がり始めたのは、今から30年ほど前です。それまでは、動物販売業者がブリーダーから直接ペットを仕入れていて、複数のブリーダーと取り引きをしながら、地道にペットを集めていました。

ペットオークションは、１回参加するだけで、希望する犬やネコをまとめて仕入れることができます。ペットオークションのおかげでペットを効率よく仕入れられるようになり、ペットショップの規模も大きくなっていきました。

ケージに給水器を取りつけるなどして、体調を管理する。

１ぴきずつケージに入れる。

動物愛護管理法（→ 38ページ）では、ブリーダーが子犬や子ネコをオークションの会場まで輸送するとき、ペットが体調をくずさないように気を配ることが定められている。

ペットショップで売られる

ペットオークションで仕入れたペットは、ペットショップなどで販売されます。ペットショップは、お客さんにいろいろな種類のペットを見せるために、個室をつくって展示します。このように、お店にペットを展示して売る方法を「生体販売」といいます。

ペットショップの店員

お客さんにペットを販売をするほか、展示されているペットにえさをあげたり展示スペースをそうじしたりするなどの基本的な世話、体調管理などもおこなう。

動物はストレスを感じると体調をくずしやすいので、6時間おきに休けいさせることや、午後8時から午前8時のあいだは展示を禁止することなどが、動物愛護管理法（→ 38 ページ）で定められている。

どうしていろいろな種類がいるの？

犬もネコも、もとは野生の生き物でしたが、犬は番犬として、ネコはネズミをとるために飼われるようになりました。その後、見た目のかわいさや飼いやすさを目的に品種改良され、種類が増えていきました。

犬やネコの種類は、大きく「純血種」と「雑種」にわけることができます。純血種は、ある特ちょうを先祖から受けついでいる種類で、複数の純血種が混じったものを雑種とよんで、区別しています。

人気の高い犬・ネコ品種

ペットの流行は時代によって変わります。ここで紹介しているのは 2021 年のデータです。

犬種

トイ・プードル
巻き毛が特ちょう。かしこくて毛がぬけにくい。

チワワ
大きな瞳と耳が特ちょうとされる世界最小の犬。

ミックス
トイ・プードルとチワワのかけ合わせなどが人気。

ネコ種

茶トラや三毛など、毛のがらや色はさまざま。

スコティッシュフォールド
たれ耳が特ちょうで、人なつっこい性格。

マンチカン
短い足が特ちょう。

※犬はジャパンケネルクラブという団体、ネコはアジアキャットクラブという団体がそれぞれ公認している種類です。

出典：アニコム損害保険会社のサイトより

家族としてむかえられる

ペットショップなどで希望するペットと出会い、「かわいいから」という理由だけではなく、「ペットの命に責任をもって、最後まで飼う」という心のじゅんびができたら、飼い主として、ペットをむかえましょう。

飼い主

家族としてむかえることが決まったら、ケージやトイレ用品、首輪とリード、えさなど、ペットの生活に必要なものをそろえる。また、ペットが健やかにくらせるように、なにかあったときに相談できるかかりつけの獣医を見つけておくことも、飼い主の大切な役目。

ペットからのおねがい

ペットを飼うと、今まで自由にすごしていた時間がペットの世話にあてられ、自分の時間がなくなることがあります。また、お金もかかり、家族の協力がなければ、ペットを育てることはできません。ペットを飼うことがむずかしいときは、「飼えるようになるまでがまんをする」という選択も、ペットへの愛情のひとつです。ペットは、幸せにしてくれる人との出会いを望んでいます。

ぼくちゃんと
世話するから！
よく話し合おうね

名前は
どうする？
ぼくは
散歩係！
市役所に
届けを出しに
いかないとな
今日から
家族だね！
この人たちが
ぼくの新しい
家族なんだ！
DOG
FOOD

犬の飼い主は、犬を飼い始めた日から30日以内に、自治体へ連絡先を登録して、登録番号が書かれた「鑑札」をもらう。連絡先を登録することで、もしも犬がまいごなどになったとき、飼い主とすぐ連絡をとることができる。

子犬と子ネコの販売は生後8週をすぎてから

動物どうしや人間とのつきあいかたを学ぶ時期がある

あまりに小さいころに親やきょうだいと引きはなすと、「飼い主以外の人間やすれちがう犬にほえつづける」「かみぐせがつく」「えさをしっかり食べない」などの問題行動を起こしやすくなる。

人間のあかちゃんは、家族とのかかわりをとおして、だれかを信頼することや、家族以外の人とのつきあいかたなどを身につけます。

同じように、ペットも生後まもない時期の環境が、性格や、ほかの動物や人間とのつきあいかたに影響します。とくに重要なのが「社会化期」という時期です。動物どうしのつきあいかたのルールを身につけてから、飼い主のもとで、人間といっしょに生活するためのマナーを学ぶことが理想的だといわれています。

犬の成長とまわりとのかかわり

犬には、生後2週までの「新生児期」、2週〜3週の「移行期」、3週〜12週の「社会化期」という発達段階がある。

たん生　1週（7日）　2週（14日）　3週（21日）　4週（28日）　5週（35日）　6週（42日）　7週（49日）

新生児期

まだ目を開けることができず、耳も聞こえない。母犬の母乳で栄養をとり、ほとんどの時間ねている。

母乳には、栄養だけでなく免疫成分もあり、子犬を感染症から守ってくれる。

移行期

少しずつ目が見え、耳が聞こえてくる。母犬の助けがなくてもおしっこやうんちができるようになってくる。

社会化期

3週〜8週くらいまでは、母犬やきょうだいとのふれあいやけんかをとおして、犬社会のルールや犬どうしのじゃれあいかたなどをおぼえる。

かまれていたかったからもう遊ばない
あんなに強くかんだらいけなかったんだ

強くかむと相手がいやがるといった経験から、かむときの加減をおぼえる。

8週（56日）

9週（63日）

10週（70日）

11週（77日）

12週（84日）

トイレの場所をおぼえたり、飼い主の声かけでケージに入ったりして、マナーも学んでいく。

テレビの音や洗たく機の音など人間の生活音にもだんだんなれてくる。

「56日規制」によって、子犬や子ネコの販売は、生後56日たってからと定められている。

おとな、子ども、女性、男性などいろいろな人間と接するようにすると、人間とのふれあいになれていく。

8週〜12週ごろまでは、飼い主のもとで人間とふれあうことや、家の中のものや音になれていく時期。また、人間と生活をするうえで必要なマナーも身につける。

おさなすぎるペットの展示・販売を禁止する「56日規制」

新しくペットをむかえようとする人の多くは、「かわいい子」をほしがります。そのため、ブリーダーやペットショップのなかには、「小さいほうがかわいくて売れるから」という理由で、生後まもないペットを売る業者もいます。こうした人間のつごうで母親からはなされることは、ペットにとって幸せとはいえませんし、問題行動を起こしやすくなります。2019年に改正された「動物愛護管理法」（→38ページ）では、生後56日（8週）たっていない犬やネコを展示・販売することが原則禁止されました。これを「56日規制」といいます。

うまれて半年も
たっていると
大きいなあ

考えてみよう

うまれてすぐにお母さんやお父さんとはなればなれになる子犬や子ネコは、どんな気持ちかな？

※柴犬など、天然記念物に指定されている日本犬6種は、ブリーダーから直接買う場合にかぎり、生後49日で販売できます。

命の値段はどうやって決めているの？

「見た目」や「めずらしさ」で決まる命の値段

ペットの命の値段は、「見た目のよさ」や「めずらしさ」を基準に、高くなったり安くなったりします。とくに重要なのが「体の小ささ」で、よりおさなく見えるほうが高い値段がつきます。

しかし、ペットはぬいぐるみとちがい、いつまでも小さいままではいられません。成長とともに体が大きくなると、人気が落ちていき、値下げされます。

だっこするだけのつもりだったけれど、やっぱり飼いたくなっちゃった
小型犬なのでペットを飼うのがはじめての人でも飼いやすいですよ
PET

ペットを売る人はペットを買う人に、おとなになったときの大きさ、飼育の方法、健康状態などを事前に説明する義務がある。買う人は、きちんと説明を聞く必要がある。

考えてみよう

ペットにひとめぼれをすることは悪いことではないけれど、大きくなったときのことを一度想像してみよう！

人気の犬種で、目の大きさや毛の色などの見た目も整っているから高く売ろう！

同じ犬種（トイ・プードル）でも…

生後の日数	8週（56日）	12週（84日）
目のかたちや大きさ	大きくてバランスがよい	小さくてはなれている
毛の色	ムラがなく美しいアプリコット色	口のまわりなどに色がちがう部分がある

命の値段に差がつけられる

大きくなっちゃったし、見た目もあまりよくないから、もっと安くしないと売れないね

「売れない商品」を引き取る「引き取り屋」

ペットショップで、おとなになった犬やネコなどの動物を見かけることは少ないと思います。小さくてかわいい時期をすぎた子犬や子ネコは、安くなっても飼い主と出会えなければ、「売れない商品」として「引き取り屋」という業者や動物愛護団体などに引き取られます。そしてペットショップには、「売れる商品」として、ふたたび小さな子犬や子ネコが入荷してきます。

命のある商品とない商品のちがい

ぬいぐるみのように「命のない商品」と、ペットのように「命のある商品」では、商品のあつかいに大きなちがいがあります。

命のない商品

すぐに売れなくてもお店や倉庫に保管しておくことができる。

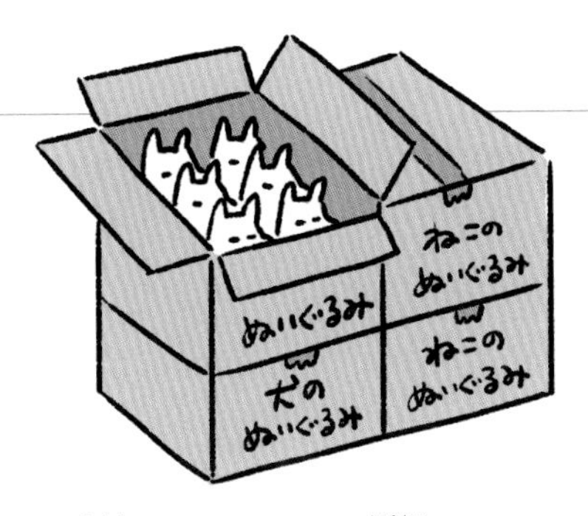

保管しているあいだに状態が大きく変わることはない。

命のある商品

もののように保管しておくことができないので、売れのこったら引き取り屋などに引き取られる。

引き取り屋のもとで、のこりの一生をすごすことになるかもしれない。

命のない商品

買った商品が思っていたものとちがっていたとき、比較的かんたんに返品や交換をしてもらえる。

命のある商品

買った商品が思っていたものとちがっていたとき、気軽に返品や交換をすることができない。

やっぱりネコのぬいぐるみがいいです
レシートがあれば交換できますよ

ほえてうるさいので返します
お客さまが責任をもって最後まで飼育してください

※引き取り屋の役割は、ペットショップやブリーダーからお金をもらって引き取った犬やネコを最後まで世話をすることです。しかし、ペットをケージにとじこめたまま外に出さないなど、ひどい環境で飼育していることがあり、問題になっています。

動物がいない欧米のペットショップ

イギリスやドイツ、スイスなどヨーロッパの国ぐにやアメリカには、動物を飼育・保護するためのきびしい法律があり、動物愛護先進国とよばれています。日本のペットショップには、子犬や子ネコが展示されていますが、ヨーロッパやアメリカのペットショップにならぶのは、ペットフードやペット用品のみ。店頭に動物がいないことがほとんどです。

ペット用品はあるが、生きた犬やネコの展示はされていないヨーロッパのペットショップ。

ヨーロッパのペット事情

ヨーロッパでは、多くの場合、ペットの動物はシェルター（保護施設）やブリーダーからゆずり受けます。

ADOPTION

シェルターから引き取る

動物愛護団体や個人のボランティアなどが、すてられるなどした犬やネコなどの動物を保護している。ドッグトレーナー（→ 40 ページ）など専門家がしつけ直してから新しい飼い主をさがす。譲渡会が開かれることも多い。

ブリーダーから買う

ブリーダーのもとをたずねてゆずってもらう。親犬のようすや飼育環境を見て、よいブリーダーか確認してから購入する。

友人や知人からゆずり受ける

友人や知人の家でうまれた動物や、さまざまな事情で飼えなくなった動物をゆずり受けることも多い。

お母さんの友だちの家で
子犬がうまれました
この子を
うちで飼おう
やったあ！

この子も、ハルトと同じ
命をもった動物だよ。
家族と思って、しっかり
育てないといけないよ
うん！　大切に
世話するよ！

それから毎日、
いっしょうけんめい
世話をしましたが…

ポツ…ポツ…
ある日――

ハルト、散歩の
時間だぞ
ポツポツ雨が
ふってきたし
いきたくない…

ハルト、ペットの世話に
休みはないんだよ
えー…
ぬれるし
めんどくさい…

ハルトが
「今日は雨だから、絶対
外に出ちゃダメ！」って
言われたらどう思う？
そんなのいやだよ！
学校にもいきたいし
遊びにもいきたい！
…あっ！

そうか…ペットも
同じだよね…
もう、雨だから
いやだとか
言わないよ！
でも、台風のときなどは
無理しなくていいからね

ペットとして飼えるのはどんな動物？

ペットとして飼える動物

犬やネコだけがペットではありません。ハムスターやウサギなどの小動物や、魚、鳥、昆虫など、さまざまな種類の生き物をペットして飼うことができますが、それぞれ習性や飼育環境がことなります。家の環境や飼う生き物に対するアレルギーの有無など飼う側の条件もあるので、条件に合うものを飼うとよいでしょう。

犬

習性	リーダーにしたがう、警戒心が強い、暑さに弱い
飼育環境	室内、屋外
寿命	約14年
注意点	届け出をする、しつけが必要、予防接種をする（特に狂犬病）

ネコ

習性	マイペース、高いところが好き
飼育環境	室内
寿命	約15年
注意点	ぬけ毛などがアレルギーの原因になる、予防接種をする

ハムスター

習性	夕方から夜に行動する、寒さに弱い
飼育環境	ケージ
寿命	2～3年
注意点	2ひき以上で飼うとけんかするので、1ぴきずつケージをわける

魚

飼育環境 水そう

寿命 さまざま（金魚は約８年）

注意点 水そうや水のろ過装置などのそうじが必要、水温を一定にたもつ

小鳥

飼育環境 ケージ

寿命 さまざま（文鳥は６～８年）

注意点 昼と夜の区別がつくように夕方以降はケージを暗くする、飛んでにげないようにする

小動物

ウサギやモルモットなどの小型のほ乳類も家で飼うことができます。

その他

カブトムシなど昆虫、カメなどのは虫類、カエルなどの両生類も、おとなしく、しつけなどの必要がないためペットとして人気があります。

ペットとして飼えない生き物

ゾウやワニなど、人にけがを負わせる可能性のある「特定動物」の飼育には特別な許可が必要なので、動物園などでしか飼えません。また、野生の数がとても少なく「ワシントン条約」（絶滅のおそれがある生き物の取引を禁止する条約）で売買が禁止されている「絶滅危惧種」や、環境に悪影響をあたえる可能性がある「特定外来生物」も、基本的にはペットにできません。野生動物をペットにするのもやめたほうがよいでしょう。

コツメカワウソ

東南アジアにすむカワウソ。「絶滅危惧種」に指定されているので、一般の人が飼うのは禁止されている。

アライグマ

もともとは北アメリカにすむ動物。日本では野生化したものが畑や生態系をあらすため「特定外来生物」に指定されている。

飼い主になることはペットと一生つきあうこと

飼い始めたらとちゅうでやめることはできない

犬やネコの寿命は14～15年です。医療の進歩やストレスが少ない環境にすんでいることなどで、20年近く生きるものもいますが、人間にくらべれば、寿命は短く、いつか死にわかれるときがきます。飼い主は、ペットが命をまっとうするまで飼う責任があります。

もっと知りたい　人間とペットでは成長する早さがちがう

多くの動物は人間よりも寿命が短いです。ペットの年齢と人間の年齢をくらべてみましょう。

犬・ネコの年齢（小型・中型犬、ネコ）	人間に換算したときの年齢
1か月	1歳
3か月	5歳
6か月	9歳
1歳	15歳
2歳	24歳
3歳	28歳
4歳	32歳
5歳	36歳
6歳	40歳
7歳	44歳
8歳	48歳
9歳	52歳
10歳	56歳
11歳	60歳
12歳	64歳
13歳	68歳
14歳	72歳
15歳	76歳
16歳	80歳
17歳	84歳

出典：「目ざせ！満点飼い主」（環境省）、「犬の年齢」（富山県）

小学生で犬を飼い始めた場合

生後3か月

おすわり

犬

子犬で、いろいろなものに興味をもつ時期。

飼い主

この時期に、犬にしつけをおこなうので、早朝や学校から帰ったあとなどに、しっかりと世話をする。

5年後

学校から帰ったら
遊ぼうな
もっと遊んでよ

犬

体の成長を終えて成犬になり、とても元気がある時期。精神的にも落ち着いてくる。

飼い主

中学生や高校生になると部活などでいそがしくなるが、ペットが十分に体を動かせるように時間をつくっていっしょに遊ぶ。

ペットの成長と生活の変化

多くのペットは人間より早く年をとります。犬の場合、7歳ごろから老化が始まります。年をとってくると若いときのように活発に動くことができなくなり、ねむったり、休んだりしている時間が多くなります。飼い主はこれに合わせて散歩の仕方や食事の内容なども変えていかなければなりません。ペットを飼い始めたときは楽しいことばかり考えるかもしれませんが、ペットが老いてからのことも考えておきましょう。

考えてみよう

ペットはだれかが世話をしなければならないよ。自分がいないときは、だれが世話をするのかな？だれもいないときはどうすればいいのかな？

10年後

お父さんと
遊ぼうな
どうしてる
かなあ…

犬
老化が始まり、段差が乗りこえられないなど、これまでできてきたことができなくなってくる。

飼い主
大学生になり、よりいそがしくなるので、家族と協力して世話をする。

15年後

年とったなあ

犬
老化が進み、運動をあまりしなくなり、足腰が細くなってくる。

飼い主
社会人になり、平日は仕事でいそがしい。えさを老犬用のものに変え、週末は短時間でも散歩につれていく。

わかれのとき

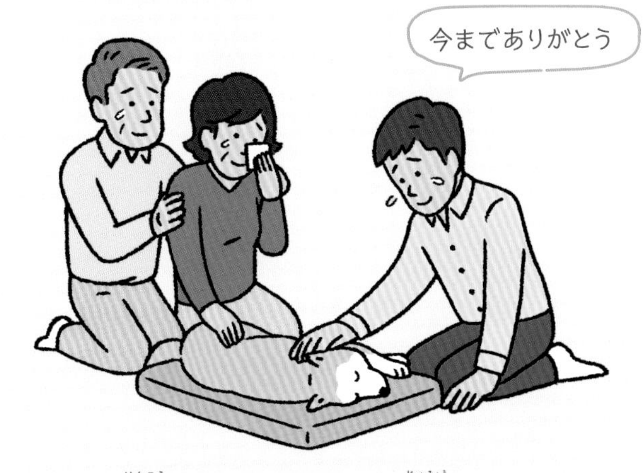
今までありがとう

健康な犬でも15～20年で寿命はつきる。可能なら最後までつきそって見送る。

飼い主にかわって世話をするペットシッター

飼い主が急な用事でペットの世話ができないとき、かわりに世話をしてくれるサービスがペットシッターです。ホテルなどの見知らぬ場所にあずけるのではなく、飼い主の家で世話をしてもらうので、ペットへのストレスが少なくすみます。

※犬の生涯にかかる費用について
ペットを飼育するにはお金がかかります。調査によると、犬の場合、食費や医療費（→31ページ）などで1か月あたり平均約1万2000円かかっており、飼い始めてから死にわかれるまでの費用は約200万円にもなります。〈参考〉アニコム「ペットにかける年間支出調査」（2019年まとめ）

ペットをむかえたら毎日やること

ペットを飼うための環境を整える

かつては、犬は庭の犬小屋で飼い、ネコは野外へ自由に外出させる飼いかたがふつうでした。しかし、現在はどちらも室内で飼うのが一般的になっています。

ペットを家の中で飼うには、まずねどこになるハウスやケージなどを用意する必要があります。ペットを飼い始めたら、毎日、えさをあげたり、ハウスをそうじしたり、犬の場合は散歩にもつれていかなければなりません。また、定期的におふろに入れたり毛を整えたりもします。たいへんなときは家族の協力も必要になるでしょう。

ペットがいる生活

ペットを飼い始めたら、毎日世話をしなければいけないので、ペット中心の生活になります。旅行や遊びにいくときもペットをつれていけるところにしたり、だれかにペットをあずかってもらわなければなりません。

このホテルすてきだけど
ペット不可かあ…
\1日○○○円/
ペット
不可

旅行にはいきづらくなるが、最近ではペットといっしょにとまれるところも増えてきている。

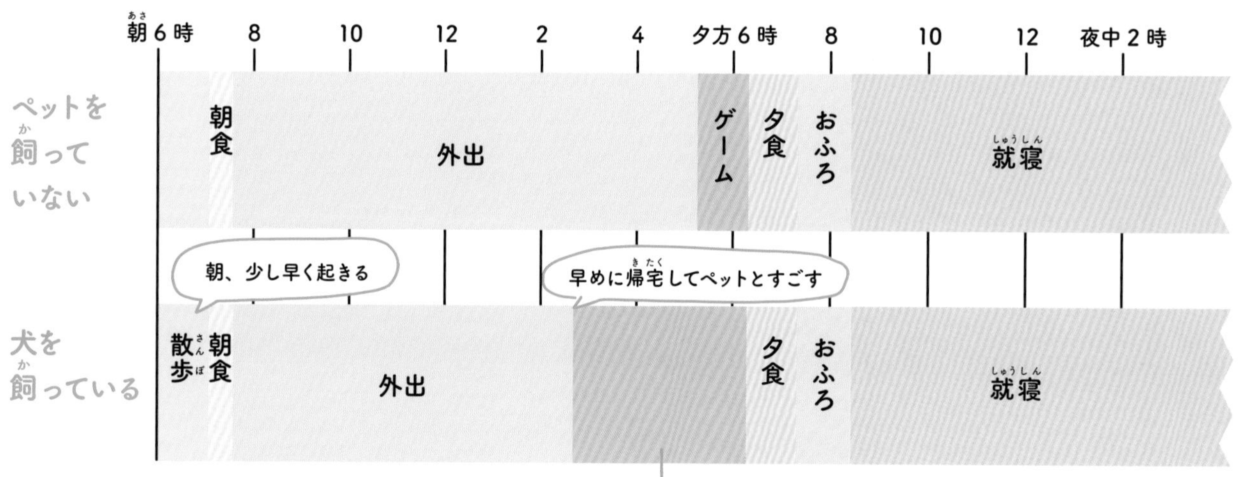

ペットとのくらしで気をつけたいこと

飼い主はペットの世話をするだけでなく、定期健診を受けさせるなど、ペットの健康状態にも気を配らなくてはいけません。食欲やふんの状態、歩きかたなど、ペットのようすがいつもとちがうときは、動物病院につれていきましょう。

食事

ペットの種類や年齢によって変わるが、犬の場合、子犬のときは一度にたくさん食べられないので、１日３～５回にわけてあたえる。成犬になれば、１日２回ほどになる。人間の食べ物は、ペットには塩分や脂質が多いため、専用の食べ物をあたえる。ネギやチョコレートなど、ペットが食べてはいけないものもあるので注意。

大型犬は
１回の量が多いので
１日２回あげているよ

小型犬は
１回の量が少ないから
食事は１日３回かな

散歩や運動

室内で飼われているペットは運動不足になりやすいので、定期的に運動させる。犬なら散歩につれていき、ネコなら上下に移動できるキャットタワーなど、自由に動ける場所をつくっておく。

手入れ

犬やネコは、週１回（毛が長い種は数回）は、ぬけ毛やよごれを取りのぞくために、くしで毛をすいてあげる。１か月に１回はあたたかいお湯で体をあらったほうがよい。また、１～２か月に１回はペットショップで毛のカット（トリミング）をしてもらう。

犬を庭で飼うときは

犬小屋のほか、犬がにげないように高いフェンスなどでかこい、夏の暑さから身を守る日よけや、寒さから身を守る風よけなどが必要です。ただ、寒さに強い犬種以外は、室内で飼うほうがよいとされています。カにさされてフィラリア症になることが多いので、定期的に予防薬を飲ませる必要があります。

夏の暑さと冬の寒さ

はげしい暑さや寒さで体力をうばわれるので、とくに暑い日や寒い日は室内に入れるとよい。夏の散歩では、熱中症などになることもあるので、暑い日中をさけることも大切。

虫よけや予防接種

犬の病気の原因となるカやノミなどにさされやすいので、虫よけの対策が必要。

犬小屋

よごれたままだとダニや虫がすみつくので、こまめにそうじをする。犬をひもでつなぎっぱなしにしないこと。

人と犬がいっしょに生活するためにかかせない「しつけ」

人の中で犬が幸せにくらすために

犬が人といっしょに生活をしていくためには、「しつけ」がかかせません。「しつけ」は家庭や人間社会で犬が幸せにくらせるように、ルールをおぼえさせることです。子犬のうちからきちんと「しつけ」をすることで、こまった行動をとらなくなります。適切な「しつけ」をしておくことで、ほかの犬とのトラブル防止や災害時のスムーズな避難にもつながります。

犬に必要なしつけ

しつけは、犬のつごうに合わせるのではなく、人とくらすために好ましい行動をとれるようにみちびくことが大切です。

トイレの場所

家の中での、トイレの場所を教える。散歩のとき以外にも、トイレができるようにしておくことが大切。

さわられることになれる

飼い主とのコミュニケーションのほか、動物病院などで体をさわられても平気なようにする。

よんだら来る

リードが外れてしまったときなどによびもどせるよう、「おいで」や「まて」といった指示を守れるようにする。

散歩

首輪やリードになれさせてから、家の外を歩くことや、人と同じペースで歩くことを教える。

音になれる

テレビや洗たく機、そうじ機、散歩中に出会う自動車など、音が出るものになれさせ、おびえないようにする。

むやみにほえない

家族以外の人や犬に、むやみにほえないようにする。近所の人や、荷物を届けてくれる人にもなれさせる。

かんでよいものを教える

犬はかむことが大好きなので、かんでもよいおもちゃやおやつをあたえて、家具などをかまないようにさせる。

るすばん

飼い主がいないときでも、ひとりですごすことができるように教える。

信頼関係をきずくことが大切

しつけをとおして、犬と人間の信頼関係がきずかれます。絶対に、どなったりたたいたりしてはいけません。体罰を受け続けた犬は、人をおそれるようになったり、攻撃的になったりします。しからなければいけないときは、必ず正しい行動をセットで教え、ルールを守れるようみちびきましょう。

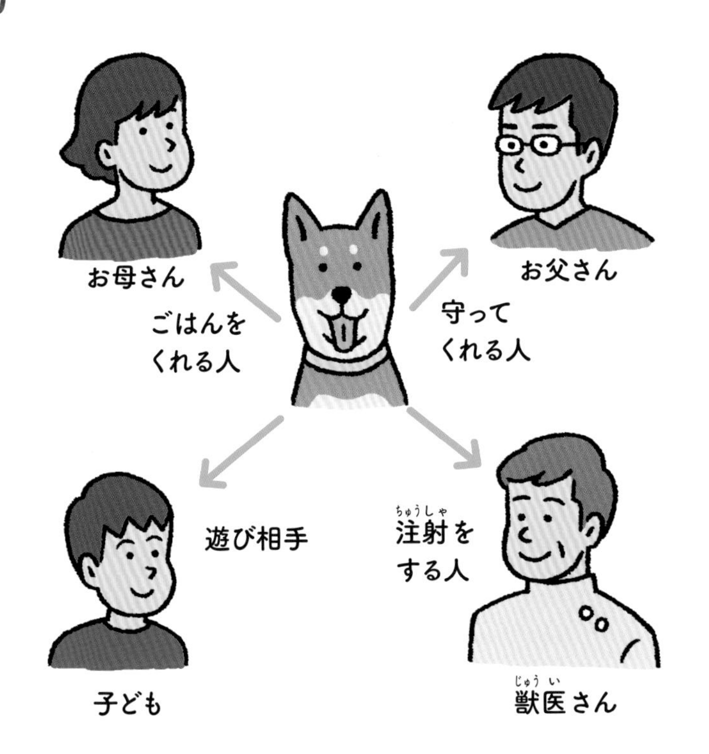

考えてみよう

いつもこわい顔をしていたり、たたいたりしてくる相手がいたら、どう思うかな？

ネコとのくらし

ネコは、とても好奇心旺盛でマイペースな動物です。犬と同じしつけはできませんが、トイレをおぼえさせたり、つめとぎ器を用意したりして、こまった行動をしないように環境を整えることはできます。高いところへのぼることが好きなので、キャットタワーなどを設置するのもよいでしょう。

トイレのしつけはしっかりと

ネコは一度トイレをおぼえれば、次からも同じ場所でしようとする。しかし、トイレがよごれていると、トイレ以外の場所におしっこやうんちをしてしまう。トイレはいつも清潔にしておこう。2ひき以上飼うときは、1ぴきずつ専用のトイレを用意するとよい。

たくさんなでてほめる

トイレがきちんとできたときや、つめとぎ器を使えたときなど、たくさんほめてなでてあげる。こうした「よい記憶」をのこすことが大切。

キャリーケースになれさせる

動物病院へいくときなど、キャリーケースに入るのをいやがらないように、ふだんからキャリーケースを避難場所にしておくとよい。

定期健診にいく

動物病院で、定期的に健康診断をしてもらう。ネコは弱っていることをかくしたがるので、年に1回は動物病院でみてもらおう。

ペットも病気になる

感染症予防にワクチン接種を受ける

ウイルスや細菌、寄生虫などの病原体が、体の中に入ることでかかる病気を、感染症といいます。ペットも感染症にかかることがあるため、ワクチンの予防接種がおこなわれています。

とくに犬がかかる狂犬病は、とても危険な感染症です。犬から人にうつることもあり、犬も人もかかると死んでしまいます。狂犬病をふせぐために、日本では飼っている犬に毎年予防接種を受けさせることが決められています。

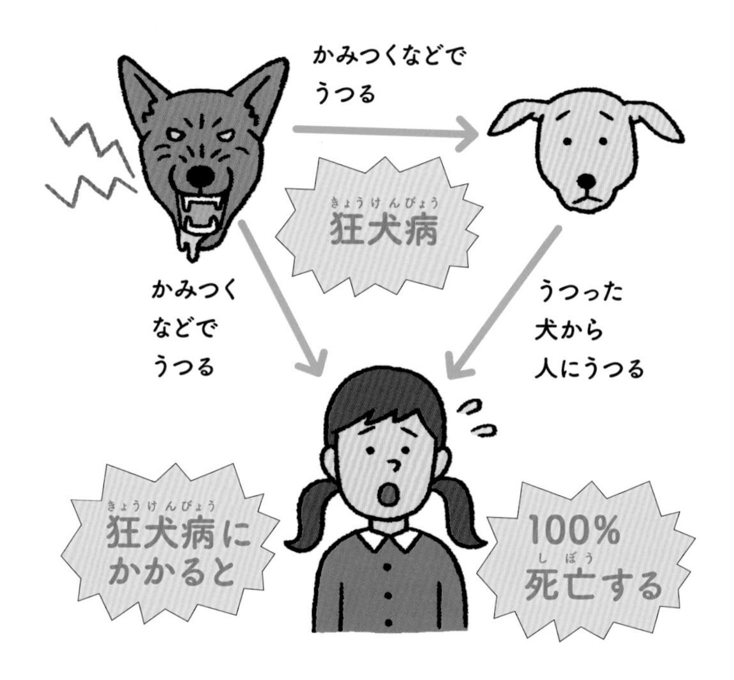

おもな動物由来感染症

狂犬病のように、動物から人にうつる感染症を、動物由来感染症といいます。すべての感染症がうつるわけではなく、予防をしっかりとしていればふせぐことができるものも多いです。

病名	動物	人にうつったときの症状・特ちょう	予防の方法
狂犬病	犬、キツネ（コウモリ）	犬やキツネにかまれると感染する。かまれて1～3か月でかぜのような症状が出て、数日後に死亡する。	犬に予防接種を受けさせる。野良犬にはさわらないようにする。
ネコひっかき病	ネコ、犬	ネコや犬にかまれたりひっかかれたりすることでかかる。傷口がはれて熱やいたみが出る。	ネコや犬のつめを短くする。ひっかかれたら傷口を消毒する。
パスツレラ症	犬、ネコ	犬やネコにかまれたり、キスをしたりすることで感染する。傷口がはれて熱やいたみが出る。	ペットにキスをしたり、口うつしで食べ物をあげたりしない。
皮ふ糸状菌症	犬、ネコ	病気にかかっている犬やネコとふれあうことでかかる。かみの毛がぬけたり、皮ふがかゆくなったりする。	ペットにさわったあとは、手をよくあらう。
トキソプラズマ感染症	ネコ	ネコのふんにふくまれる寄生虫から感染する。妊娠中の女性は、おなかの中のあかちゃんに悪い影響があることも。	ネコのふんをかたづけたあとは、手をよくあらう。
オウム病	オウム、インコ	鳥のふんや尿にふくまれる細菌が、人間の体に入ると感染する。発熱やせきなど、かぜのような症状が出る。	口うつしのような濃厚なふれあいをさける。

ペットのようすに注意する

ペットの健康で気をつけることは、感染症だけではありません。目や胃腸の病気にかかることもありますし、人と同じように、ヘルニア（腰痛）やがんになることもあります。

ペットの毎日のようすをチェックして、健康かどうかをたしかめましょう。ペットはことばを話すことができないので、体の調子がおかしくても、それを伝えることができません。そのため、飼い主が毎日ペットをなでたり遊んだりするなかで、ペットの体や行動におかしなところがないかを調べることが、病気を早く見つけることにつながります。

ペットの治療も飼い主の責任

病気を早めに発見するために、飼い主がよく見ておくだけでなく、毎年ペットの健康診断を受けさせましょう。定期的に動物病院につれていって、獣医さんと信頼関係をきずいておけば、さまざまなことを相談しやすくなり、ペットも治療をこわがらずに受けてくれるようになります。

考えてみよう

ペットも人間と同じように病気になるよ。ずっと元気でいてもらうためには、どんなことをしてあげるといいかな？

ペットの症状とかくれている病気

目やにが出る

ベタベタした目やにが出る。前あしでひんぱんに顔をこする

角膜炎　結膜炎　など

さわるといやがる

決まった場所にふれられることをいやがる。

悪性腫瘍（がん）　ヘルニア　など

耳をかゆがる

耳の中が赤くはれていて、ひんぱんに耳をかこうとする。

外耳炎　耳ダニ感染症　など

食欲がない

体が重そうで食欲がない。えさを食べようとしない。

内部寄生虫症　歯周病　口内炎　など

せきが出る

せきが何日も続いたり、へんなせきをしたりしている。

かぜ　肺炎　心臓病　など

ふんがおかしい

ふんがほとんど出ない。水っぽいふん（げり）をする。

胃腸炎　毛球症　巨大結腸症　など

ペットの健康をたもつためにかかるお金

ペットの健康をたもつためには、病気の治療費だけでなく、感染症のワクチン接種や、健康診断のお金も必要です。ペットを飼う前に、どれくらいのお金がかかるかを知っておきましょう。

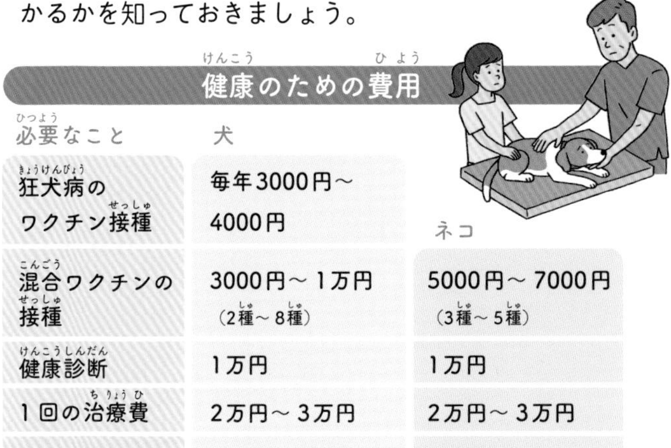

健康のための費用

必要なこと	犬	ネコ
狂犬病のワクチン接種	毎年3000円～4000円	
混合ワクチンの接種	3000円～1万円（2種～8種）	5000円～7000円（3種～5種）
健康診断	1万円	1万円
1回の治療費	2万円～3万円	2万円～3万円
去勢・不妊手術	1万円～3万円（小型犬～中型犬）	1万円

※動物病院によって料金はことなります。

ペットが旅立つとき

いつか来る わかれのときのために

ペットの寿命は、人間より短いです。飼い始めたときはあかちゃんでも、人間より早く体がおとろえていき、いつかは必ずわかれのときがやってきます。ペットの動きがおそくなったり、食欲がなくなったりしたら、いっしょにいられる時間はのこり少ないかもしれません。

わかれのときを意識しつつ、ペットとののこされた時間を大切にすごしましょう。できるだけいっしょにすごし、いっぱいなでてあげれば、ペットも幸せにわかれのときをむかえられるでしょう。

ペットの見送りかたはさまざま

ペットが死んでしまったら、どうやって見送るかを考える必要があります。小さな動物なら自宅にうめることもできますが、犬やネコの場合は、人間と同じように火葬するのが一般的です。ペットのためのお墓をつくる人も増えています。

火葬は自治体やペット霊園、専門の業者がおこないます。費用や火葬したあとどうするか考えておきましょう。

ゆっくりお休み
今まで
ありがとう
楽しかったね

今までの感謝を伝えたり、思い出を話したりしながら、家族で見送る。好きだったおもちゃやおやつを、いっしょに火葬してもよい。

見送りかたいろいろ

ハムスターや小鳥などが死んだときには、自宅にうめることもできます。自分にとってなっとくのできる方法をさがしましょう。

庭にうめる

持ち家ならば、家の庭などにうめることができる。かんたんなお墓をつくっても。

プランターにうめる

火葬した骨をプランターにうめる。思い出として花をうえておくのもよい。

もっと知りたい

犬が死んだときは…

ペットの犬が死んだときには、特別な手続きが必要です。飼い始めたときと同じように、自治体や保健所に飼い犬が死んだことを届け出る必要があるので、おうちの人におねがいしましょう。このとき、鑑札（→ 15 ページ）と狂犬病予防注射済票もいっしょに返すことになります。

ペットロスの乗りこえかた

ペットが死んだことのショックで、心や体に不調があらわれることを、ペットロスといいます。たとえば、夜にねむれなくなったり、急になみだが出て止まらなくなったりします。

ペットロスは、ペットとのわかれをつねに意識していた人をふくめ、だれにでも起こりうることです。とくにペットと急にわかれることになった人は、心のじゅんびができていないぶん、症状が長引くこともあります。

大切にしていたペットを失うことは、飼い主にとってとてもつらいことです。ペットロスを乗りこえるためには、その思いをがまんせず、悲しむことも大切なのです。

無理にわすれようとしない

悲しい気持ちを無理におしこめないで、少しずつペットのいない生活になれる。

同じ経験をした人と話し合う

同じようにペットをなくしてつらい人と体験を共有して、なぐさめあう。

楽しかった思い出を整理する

ペットの写真や思い出の品を整理しながら、いなくなったことを受け入れていく。

ボランティアなどで犬やネコにかかわる

犬やネコから目をそむけるのではなく、保護活動などにかかわりながら心をいやす。

たくさんの思い出を
ありがとう…！

ゆっくりでいいので前向きに受け入れる

自分だけ生きていることに罪悪感を感じるのではなく、前向きに考える。

カウンセラーに相談する

どうしてもつらいときは、カウンセラーに相談をしてみる。

よろしくね
ニャー

新しい家族をむかえいれる

ペットロスを乗りこえられたら、また新しいペットを飼いたくなるかもしれません。ペットはいつか死んでしまうことをよく理解して、あらためてペットをむかえるか考えましょう。もし新しいペットを飼うなら、自分のこれからの人生についても考え、より長く元気でいられるように、大切にしてあげましょう。

学校の飼育動物

学校では、よくニワトリやウサギ、メダカなど、さまざまな生き物が飼育されています。生き物を飼うことで、生き物への親しみをもったり、命の大切さを学んだりすることができます。飼育するときは、どうすれば生き物が幸せにくらせるか、生き物の身になって考えることが大切です。みんなで協力してえさやりやそうじをおこなうことで、命を育てる責任についても考えてみましょう。

いっぽうで、近所の人から鳴き声や生き物のにおいなどについて注意を受けることもあります。夏休みなど長期休みの間の世話をどうするかなど、話し合って解決しなければいけない課題もあります。

よく飼われている生き物

ニワトリ

ウサギ

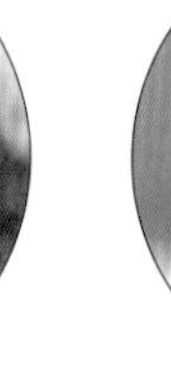
モルモット

ハムスター

メダカ

カメ

教室で飼う

教室では、ハムスターやメダカなど、小動物や魚を飼うことができます。毎日のえさやりなどの世話は、おもに生き物係がおこないます。ふんや食べのこしたえささを毎日そうじして、清潔にたもつことが大切です。

飼育小屋で飼う

校庭や昇降口の近くに飼育小屋をつくり、学校全体で協力して育てます。委員会活動で、飼育委員会が設置されることもあります。飼う動物の習性や飼いかたを学び、病気やけがに気をつけて育てましょう。

ある日の
散歩中…
こんにちは
こんにちは

かわいいですね〜

ありがとう
この子は保護犬
だったのよ
ほごけん？

飼い主のつごうで
すてられてしまった犬や
まいごになってしまった犬が
保護されている場所があるの
この子はそこから
引き取ったのよ

…ってことが
あったんだ
そうか…
じゃあ、その犬は
命びろいしたんだな
えっ？
どういうこと？

保護された犬やネコは
引き取り手がいないと
処分されてしまうことも
多いんだよ
それって
殺すってこと？

そう、だれも世話を
できないから
殺さなければいけない
こともあるんだ
そんな…
かわいそうだよ…

だから、保護している施設や
団体が、処分されないように
新しい飼い主をさがしているんだよ
あのおばさんは
それで引き取って
新しい家族に
なったんだね！

3 ペットの命に責任をもつ

幸せになれなかったペットもいる

人間の勝手な理由で手ばなされるペットもいる

日本では、最近犬やネコなどのペットを飼い始める人が増えています。しかしなかには、飼うためにたくさんのお金がかかることや、毎日世話が必要なことなどを、あまり意識せずに飼い始める人が少なくありません。ペットショップも、しっかりとした説明をしないままに、ペットを飼い主に受けわたしてしまうことがあります。

こうして飼われたペットは、金銭的な事情や生活環境が変わるときに、「思っていたのとちがう」「引っこし先につれていけない」などといった、人間の勝手な理由で手ばなされることがあります。人間に選ばれて幸せになれるはずが、不幸になってしまうペットもいるのです。

ペットを飼えなくなった理由

飼い主がペットを手ばなす理由はさまざまですが、どれも人間の勝手なつごうで、ペットの幸せはあとまわしにされます。手ばなされ、べつの飼い主にゆずられたり、動物愛護センター（→ 40 ページ）にもちこまれたりするペットは、少なくありません。

アレルギーって…
ぼくのせいなの？
人気があるから
ほしいって
言ったのに…

長生きするって
知っていたはず
なのに…

アレルギーの有無や寿命の長さなど、動物に責任のない理由でも、かんたんに手ばなされてしまう。

子どもにアレルギーが
出ちゃったから
こんなに長生きする
とは思わなくて…
あきちゃった
ペット不可の家で、
こっそり飼っていた
のがバレちゃった
近所から
苦情が
きたから
老人ホームに入ることに
なったけど、ペットは
つれていけないんだ

動物の命に対する責任感がうすく、ささいなことがきっかけで手ばなしてしまう人もいる。

考えてみよう

ペットを飼い続けるのがむずかしくなったら、どうしたらいいんだろう？　がまんして飼い続けるのがいいの？　べつの飼い主をさがしたほうがいいのかな？

飼えなくなったペットのゆくえ

飼えなくなったペットのいき先はいくつかあります。ひとつ目は、新しい飼い主（里親）のところです。里親のもとで、ふたたびペットとしてくらすことができます。

ふたつ目は、動物愛護センター（→ 40ページ）や動物愛護団体です。飼えなくなったペットの里親さがしや、里親への譲渡をおこなっています。しかし、引き取り手が見つからないときは、殺してしまう（殺処分する）ことになります。

また、ペットショップで売れのこった動物は、引き取り屋（→ 19ページ）に引き取ってもらうこともあります。

親せきや友人にゆずったり、動物愛護団体をとおして飼い主になりたい人を紹介してもらったりして、新しい飼い主をさがす。

ペットショップは、売れのこってしまった動物を、引き取り屋（→ 19ページ）に引き取ってもらう。

動物愛護センターでは、できるだけ引き取り手をさがすが、ずっと飼い続けることはできない。里親が見つからなかった動物は、最終的には苦しまない方法で殺処分される。

犬・ネコの引き取りと殺処分

ペットを手ばなす人は今でもたくさんいますが、1970年代に犬・ネコ合計で120万頭をこえていた引き取り数は、2019年には10分の1以下にまで減っています。

これは、動物愛護管理法（→ 38ページ）の改正によって、ペット業者からの引き取りを拒否できるようになったことや、動物愛護団体の活動によって、里親が増えていることが大きな理由です。

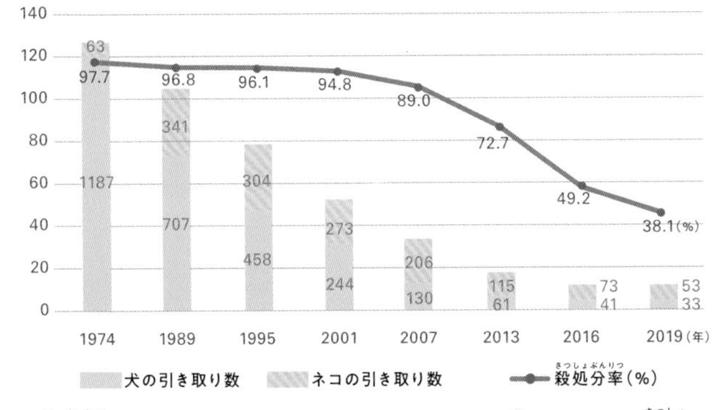

自治体に引き取られる数は、年ごとに少しずつ減っている。殺処分される割合は、近年になって急激に低くなってきた。

ノネコにおびやかされる小さな命

ネコは、路上にすてられたり、飼い主からにげたりして、人のもとからはなれて野生化することがあります。こうしたネコを、ノネコとよんでいます。

ペットとはちがい、ノネコは自分で小鳥や小動物を狩ります。このとき、貴重な種類の動物を食べることがあり、めずらしい動物のいる島などでは大きな問題となっています。軽い気持ちですてたネコが希少動物をおそうことになるかもしれないのです。これは、飼いネコの放し飼いでも起こるので、室内で飼うようにしましょう。

スズメをとらえたノネコ。

ペットの命とくらしを守る 動物愛護管理法

ペットの命を守り 適切に管理をする

動物愛護管理法は、ペットを大切にすることや、適切に管理することを定めた法律で、1973年にできた「動物の保護及び管理に関する法律」がもとになっています。日本では1960年代から少しずつペットを飼う人が増えていましたが、1973年に法律ができてはじめて、ペットの虐待や遺棄（すてること）に罰則がもうけられました。

その後、1980～1990年代にペットブームが起こると、ペットの虐待・遺棄が多く発生しました。そこで、1999年に法律の内容が大きく改正され、名前も変わって動物愛護管理法がうまれました。

動物愛護管理法で 定められていること

動物愛護管理法では、飼い主、自治体、動物取扱業者、それぞれの立場で守るべきことが定められています。その内容には、法律の名前のとおり、ペットの「愛護」（かわいがること）だけでなく、「管理」（正しくあつかうこと）もふくまれます。

令和元年から3年の動物愛護週間ポスター。毎年テーマを決めてデザインを募集している。

自治体

飼い主や動物取扱業者に適切な飼育をおこなわせる役割をもっている。

- 動物愛護週間を実施する。
- 動物取扱業者に対して、登録・指導・勧告・登録取り消しなどをおこなう。
- まわりにめいわくをかける飼いかたをする飼い主に対し、指導・助言をおこなう。
- 危険な動物（特定動物）を飼うことを規制する。

など

時代とともに改正される動物愛護管理法

動物愛護管理法は、1973年にもとになる法律が制定されてから、これまでに4回大きく改正されています。改正の内容は、社会における動物の権利が少しずつ認められてきたことを反映して、動物取扱業者にも飼い主にも、動物をより大切にあつかうよう求めるものです。

1999年

- 動物取扱業者のルールを定める。
- 動物をすてることや虐待することへの罰則を強化する。

2005年

- 特定動物を飼うときの登録を義務づける。
- 動物を実験に利用するときの基準を定める。

2012年

- ペット業者に売れのこった動物の終生飼養を義務づける。
- 56日規制を定める。

2019年

- マイクロチップの装着をペット業者に義務づける。（2022年6月から施行）

飼い主

自分の飼っているペットの健康をたもちながら、まわりにめいわくをかけないようにすることが求められる。

- ペットが一生を終えるまで飼い続ける。
- ペットがまわりの人にけがをさせたり、にげだしたりしないように気をつける。
- 感染症の予防のためにワクチン接種などを受けさせる。
- 繁殖しすぎないように、去勢・不妊手術を受けさせる。
- まいごになっても飼い主がわかるように、マイクロチップや鑑札をつける。

など

狂犬病ワクチンの予防接種を受ける犬。毎年1回の接種が義務づけられている。

考えてみよう

人間とペットがどちらも幸せにくらすためには、どんなことをすればいいのかな？

首輪に鑑札をつけた犬。まいごになっても、見つけた人から連絡がもらえる。

動物取扱業者

動物を販売する業者には、悪質な業者が営業できないように、さまざまな規制がある。

- 都道府県知事などの登録を受ける。
- 販売する動物を見せ、買いたい人に対面で説明をおこなう。
- 動物の管理の方法や飼養施設の規模・構造にかんする基準を守る。
- 生後56日以内の子犬や子ネコを販売しない。
- 販売できない犬やネコを死ぬまで飼い続ける。

など

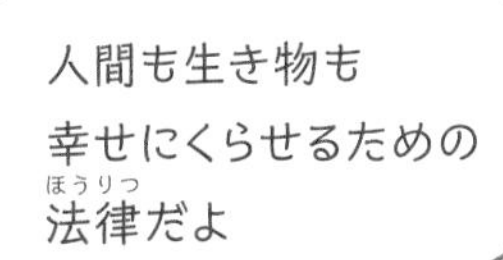

人間も生き物も
幸せにくらせるための
法律だよ

かわいそうなペットを増やさないためにできること

動物を生かすための施設「動物愛護センター」

日本では各都道府県に、動物愛護センターが設置されています。動物愛護センターは、保健所からの動物にかんするさまざまな業務をうけおっている施設です。

動物愛護センターでは、すてられたり、道にまよったりしていた犬やネコを引き取り、保護しています。また、これらの犬やネコをもとの飼い主に返したり、新しい飼い主をさがしたりもしています。

飼い主が見つからない場合、最終的には殺処分されてしまいますが、最近では、民間の動物愛護団体やボランティアなどと協力して、殺処分ゼロをめざしています。そのため、年を追うごとに殺処分される犬やネコの数は減っています。

命を守る

保護された犬やネコがけがをしたり、病気にかかっていたりしたときは治療する。

人になれさせる

保護された犬やネコが新しい飼い主のもとにいけるように、人とふれ合うことになれさせる。

しつけのレベルは
それぞれちがうので
その動物にあったやりかたで
おこなっています

ドッグトレーナー

犬が人といっしょにくらすためのマナーを教える仕事。飼い主のサポートもおこなう。

多くの人に知らせる

保護されているペットのことを、人びとに知ってもらうため、動物とふれあうイベントを開く。

飼い主をさがす

引き取り、保護している犬やネコについての情報を広く公開して、新しい飼い主を募集し、譲渡する。

保護された動物を救うために

動物愛護センターに引き取られた犬やネコは、新しい飼い主が見つからなければ、殺処分されます。殺処分される動物を受け入れ、引き取り先をさがしている民間の動物愛護団体もあります。

最近ではペットを新しく飼うときは、ペットショップではなく、保護施設や団体から犬やネコを引き取る「譲渡」を選ぶ人が増えています。

飼い主にふさわしいかチェック

保護されている犬やネコを引き取るときには、「飼育する人の家族構成」「飼育するためのスペースがあるかどうか」など、その人がしっかりと最後まで責任をもって飼えるかどうか、ペットが幸せにすごせるかどうかなどをチェックする審査があります。そのため、希望しても動物を引き取れないことがあります。

インターネットやSNSを使ってさがす

動物愛護センターや動物保護団体のなかには、インターネットやSNSで里親募集をしているところがあります。前もって動画や写真で譲渡の対象となっている犬やネコのようすを確認できるので、ペットを飼いたいと思っている人は見てみましょう。

譲渡の流れ

1. 審査を受ける

動物愛護センターのホームページなどから事前確認書を手に入れ、犬やネコを飼うための審査を受ける。

2. 講習会へいく

動物愛護センターでおこなわれる講習会に参加し、譲渡される犬やネコを飼うときの注意や動物愛護法などを学ぶ。

3. 対面する

実際に犬やネコに会って、ペットと飼い主のマッチング（相性）を確認する。マッチングがうまくいかなければ、べつの犬やネコに変更する。

4. 手続きをする

飼えることが決まったら、書類を書いて、正式な引きわたしとなる。

5. 引き取る

手続き後、家につれて帰る。犬の場合は、このあと市区町村への登録や、予防接種などの処置もおこなう。

保護活動を続けるうえでの問題点

動物愛護センターや動物保護団体では、新しい飼い主に動物を引き取ってもらうまで、専用の施設で動物たちの世話をしています。しかし、スペースや人員にはかぎりがあり、無制限に動物を受け入れることはできません。受け入れている動物が多ければ、衛生管理や治療、えさ代なども大きな負担になります。

また、里親が見つからない犬やネコについては、保護団体が飼い続ける場合もありますが、殺処分せざるを得ない地域もまだたくさんあります。

受け入れられる数にかぎりがある

動物愛護センターには、犬やネコを受け入れるスペースがあります。しかし、譲渡される数が少なく、引き取る数が多くなれば、受け入れ可能数をこえてしまい、殺処分をおこなうことになります。

運営資金が足りなくなる

動物たちを手あつく保護するにはお金がかかります。毎日のえさ代のほか、手術や注射などの医療費がかかることもあります。保護団体の多くは、寄付で成り立っているため、費用が増えると運営が苦しくなります。

施設やスタッフの負担

保護している動物たちは、毎日世話をする必要があります。また、引き取られる犬やネコのためにも、譲渡希望者の審査もしっかりとおこなわなければなりません。

考えてみよう

保護された動物たちについて、スタッフの人たちはどんなことをしているのかな？

地域ネコとして見守る取り組み

特定のだれかが飼っているのではなく、地域で共同管理しているネコのことを地域ネコといいます。これは、ネコと人間が同じ地域で快適にくらせるようにするための取り組みで、地域の人たちが協力しておこなっています。ネコへのえさやりや去勢・不妊手術の処置、ネコ用トイレの設置などをすることで、野良ネコが起こす問題に対応しています。地域ネコの取り組みは各地でおこなわれており、手術費用などの補助が受けられる自治体もあります。

野良ネコがかかえる問題

飼い主がいない野良ネコは、さまざまな問題を起こすため、住人にとってはめいわくな存在となっています。

増えすぎる

野良ネコは年に何度も子ネコをうむので、数が増えやすい。ネコたちのすみやすい場所には、新しく野良ネコがすみつくこともある。

ふんや尿の問題

野良ネコのふんや尿で、植物がかれたり、悪臭がしたりする。ネコよけのために、水を入れたペットボトルを置くこともあるが、あまり効果がないといわれている。

鳴き声がうるさい

野良ネコのけんかやなかまへのよびかけの鳴き声がうるさく、近所めいわくになる。

増やさないためのＴＮＲ活動

地域ネコには、ネコが子どもをうんで増えないようにするためのＴＮＲ活動がおこなわれています。ＴＮＲ活動をすることで、のぞまれない出産をするネコが減り、殺処分数を減らすことにつながります。ただし、放し飼いをしているため、ふん尿や鳴き声の問題についての完全な解決にはなっていません。

T　Trap（つかまえる）

ほかく器などで野良ネコをつかまえる。

N　Neuter（不妊・去勢をする）

不妊・去勢手術をおこない、子どもをつくれなくする。手術を受けたネコは「しるし」として耳の先が一部切られる。

R　Return（もといた場所にもどす）

ネコをもといた場所に返す。

「しるし」として耳の先が切られたネコ。

動物たちの「5つの自由」

動物の幸せを考える

家畜など人間が飼育する動物が快適にくらせる環境を整えることを、アニマルウェルフェア（動物福祉）といいます。最近では、ペットにもより快適な環境を整えるべきという考えかたが広まってきました。

その基本となる柱に「5つの自由」があります。「5つの自由」はイギリスでとなえられた考えかたで、動物が心地よく安全にくらせているかを確かめるためのものさしです。飼い主はペットにこの5つの自由をあたえ、できるかぎり快適にくらせるよう心を配る責任があります。

新しい水にかえたよ

飢えや渇きからの自由

動物の年齢や体調に合った食べ物と、きれいな水をあたえること。
食べすぎもよくないので、ちょうどよい量をあたえて健康にすごせるようにする。

不快からの自由

清潔で安全な環境でくらせるようにする。
気温、湿度、日当たり、風通しなど、快適にすごせるよう考える。

暑いから
日よけをつけよう

いたみ・けが・病気からの自由

けがをしたり、病気になったり
しないよう気をつける。
けがや病気のときは
適切な治療を受けさせる。

本来の行動ができる自由

それぞれの動物がもつ
本能や習性に合った行動が
とれるよう工夫する。

ドッグランで
走るの大好き！
高いところに
のぼるの大好き！

大通りはあぶないから
車が来ない道にしよう

恐怖や不安からの自由

動物がこわがったり
不安を感じたりしないようにする。
環境を整えるだけでなく
心のケアも大切にする。

考えてみよう

自分がペットだったら、どんなくらしが幸せかな？　心おだやかにくらすためには、どんな環境だとよいだろう？

もっと読みたい人へ

捨て犬のココロ

藤本雅秋 写真／坂崎千春 文
（WAVE 出版）

保健所や動物愛護センターで出会った犬たちの、おちゃめでかわいくて、ちょっぴり切なくなる写真絵本です。

年とった愛犬と幸せに暮らす方法

小林豊和・五十嵐和恵 著
（WAVE 出版）

どんな犬も必ず老いていきます。愛犬と飼い主がいつまでも幸せにくらす方法を紹介します。

なぜ？どうして？ ペットのなぞにせまる

小野寺佑紀 著／今泉忠明 監修
（ミネルヴァ書房）

ネコ、犬、小動物と人とのつながりや、ペットを飼うために知っておきたいひみつなど、見るだけでも楽しい本です。全3巻。

珍獣ドクターのドタバタ診察日記

田向健一 著
（ポプラ社）

田向先生のところへは、アマガエルやサンショウウオ、ヘビにトカゲ…あらゆる患者がやってきます。どんな動物でも救いたい、熱血獣医のレポート。

子犬工場

大岳美帆 著
（WAVE 出版）

ペットショップで売られている子犬たちは、どこから来て、売れのこったらどうなるのでしょう。商品としてあつかわれる命について考えます。

マンガでわかる! ネコちゃんのイヌネコ終活塾

卯山玉子 著
（WAVE 出版）

犬やネコは、人間の数倍のはやさで年をとります。ペットが年をとったら、どうすればいいのでしょう。マンガで学ぶ、ペットの「終活」です。

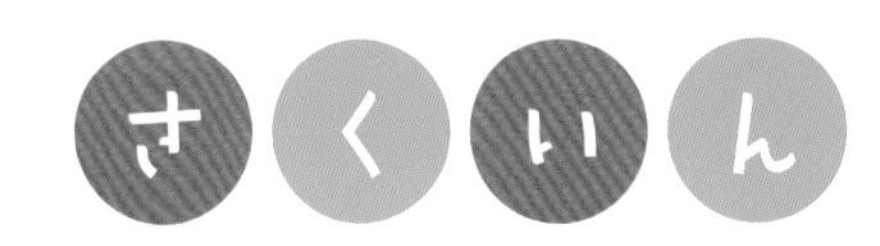

あ行

か行

さ行

た行

な行

は行

ま行

や行

わ行

監修 **谷田 創**（たにだ はじめ）
広島大学大学院統合生命科学研究科教授、「ヒトと動物の関係学会」常任理事（事務局長）

人間動物関係学、動物介在教育学、動物行動学、動物福祉学。1987年米国オレゴン州立大学大学院農学研究科で博士号（Ph.D.）取得、麻布大学獣医学部助手、広島大学生物生産学部助教授を経て現職。著書に『保育者と教師のための動物介在教育入門』（岩波書店）、共著に『ペットと社会（ヒトと動物の関係学3）』（岩波書店）、『海と大地の恵みのサイエンス』（共立出版）など。

イラスト　小川かりん（6～9ページ、21ページ、35ページ）
山中正大（表紙、10～20ページ）
佐原苑子（22～34ページ）
もんくみこ（36～45ページ）

写真協力　和歌山市動物愛護管理センター、PIXTA、photolibrary、
Wikimedia Commons(Donald Trung Quoc Don)、橋谷ジェフィ
ブックデザイン　阿部美樹子
校正　くすのき舎
編集　株式会社 童夢

動物はわたしたちの大切なパートナー
①命に責任(せきにん)をもつ —ペットの命を考える—

2021年11月30日　第1版第1刷発行

発行所　WAVE出版
〒102-0074
東京都千代田区九段南3-9-12
TEL　03-3261-3713
FAX　03-3261-3823
振替　00100-7-366376
E-mail　info@wave-publishers.co.jp
http://www.wave-publishers.co.jp
印刷･製本　図書印刷株式会社

NDC 481 47P 29cm ISBN 978-4-86621-371-2